きっとあなたは知らない。
どこにもある小さな町の一角で、
わたしたちの日常の隣で起きていることを。

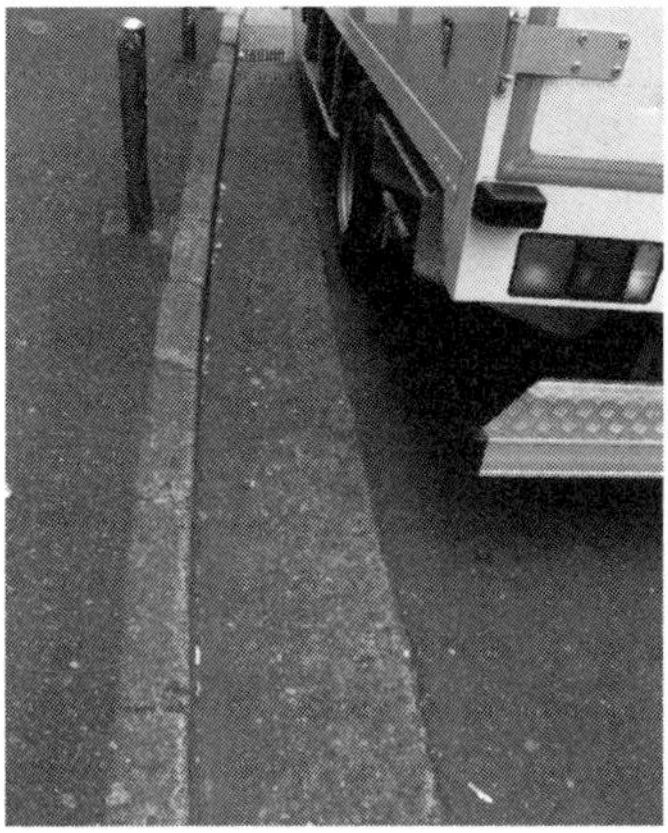

真っ青な高い空に、立ちのぼる入道雲。
木の葉の間を縫う風の音と、小鳥たちが戯《たわむ》れる声が響いている。
熱い陽射《ひざ》しが肌を灼《や》く8月。
のどかな昼下がり。

屋外の駐車スペースに、古びた大型トラックが弧《こ》を描いて入ってきた。
重いタイヤがアスファルトを踏みしめながら、ぎしりと停《と》まる。
トラックがそこに留《とど》まるのは、ほんの15分。
そのことをよく知っている人たちが次々と車で乗りつけ、
申し合わせたように段ボール箱を抱えて歩いてくる。
一人、また一人。

専用の車。
いつもの手順で行われる作業。
これが、日常のできごと。

箱の中

決められた曜日と時間に収集車がやってくる、ごみの回収とまったく同じシステム。
ひとつだけ違うのは、集められるのが生きた犬と猫だということ。
箱を開くと、幼い子犬や子猫たちが団子状《だんごじょう》にまとまったまま、こちらを見上げた。
わたしは驚いて、箱を持ってきた人たちの顔を思わず仰《あお》いだ。

「また産まれちゃったから」
「もう飼いきれないから」
「犬も猫もきらいだから」

彼らは眉《まゆ》ひとつ動かさず、悪びれるでもなく、
これは受け入れられるべき理由であるというふうに言い放った。
その後方にも、似たような箱を載せた台車を押してくる人が見える。

理由

成犬たちは、わたし以上に驚いている。
軽トラックの荷台に積まれたり、散歩みたいにリードにつながれたりして、見知らぬ場所に連れてこられ、職員に引き渡される彼らは、何が起きているのかまったくわからずうろたえている。

猟犬《りょうけん》を捨てる人が言う。「猟期《りょうき》になったら、新しい犬を買う」
番犬を捨てる人が言う。「声が大きくてうるさい」
子犬を捨てる人が言う。「また産まれてしまった」
若い犬を捨てる人が言う。「咬《か》みついた」
純血種を捨てる人が言う。「違う種類を飼いたい」
具合の悪そうな犬を捨てる人が言う。「病気になった」
そして、老犬を捨てる人が言った。
「年をとった」

このどこに、いのちを遺棄《いき》する「当たり前の理由」が潜《ひそ》んでいるのだろうか。

猟犬は、次の猟期まで一緒に暮らせないのか？
番犬として飼ったなら、大きな声で異常を知らせるのが目的だろうに。
不妊去勢《ふにんきょせい》手術を受けさせれば、数は増えない。
咬みつく犬には理由があり、それを探れば対処できる。
犬は流行の商品ではない。
そして、生き物は病気になり、必ず老いるということは、
犬を飼い始める前からわかっていたはず。

けれど、わたしからの問いかけには、
曖昧《あいまい》な、面倒そうな、不愉快そうな、乾いた笑みが返ってきただけ。

麦茶

事情

一人の女性は、涙を流している。

「私は犬が好きなのです。でも事情が許さず、仕方ないのです」

顔を覆《おお》った白いハンカチが、真昼の陽《ひ》を浴びて眩《まぶ》しい。

「私もつらいの。かわいそうに」

その「かわいそう」は、誰をさすの？　犬ですか、それともあなた？
わたしだって、明日のことはわからない。だからその涙を他人事《ひとごと》と突き放せない。
でも、散歩みたいに連れてこられた犬が、
彼女の足元で佇《たたず》む姿を見ると「仕方ない」で終わりにできない。
理由などあってもなくても、それがどんなものでも、
犬たちは飼い主の決定を受け入れるしかないのだから。

猟犬を連れてきた男性が、犬を職員に委《ゆだ》ねたあと、

「ああ、そうだ……」と、思い出したように言った。

「首につけている鈴を、取ってよ。新しい犬に使うから」

手続きを済ませる飼い主を、
動揺《どうよう》と戸惑《とまど》いの入り混《ま》じった目でじっと見る犬たちは、
わたしをとてつもなくやるせない気持ちにさせる。
職員たちは額《ひたい》と首筋に汗を滲《にじ》ませながら、段ボール箱の子犬をケージに移した。

「元」がついた飼い主たちは、簡単な書類を書き込み、料金を支払い、車に戻る。
そうして、ひとたび「いのち」を捨て終わると、
一度も振り向くことなく三々五々走り去った。
置き去りにする箱の代わりに、ひとかけらの罪の意識を持ち帰りもせず。
あるいは、それから早く逃れたいがために。
犬たちが不安の声を漏らし、あとを追いたがるのに目もくれず。

車のラジオから、場違いに明るいお喋《しゃべ》りとさざ波のような笑いが聞こえてくる。
夏の午後。ごくありふれた1日。
その10分弱の出来事が犬たちの運命を決めた……。

あとに残された犬たちと、わたし。

よく似たきょうだいは、

騒ぐことも、暴れることもなく、静かに身を寄せ合っている。

生後1ヵ月ほどだろうか。

子犬の母親は今ごろ、おそらく狂ったように乳《ち》飲《の》み子たちを捜しているだろう。

成犬たちは、途方に暮れている。

車が走り去った方角を凝視《ぎょうし》したまま、

ある者は石のように固まり、ある者は吠《ほ》え続けている。

嗄《か》れそうな声で。

3ヵ所の地点をまわり終えると、トラック内のケージはいっぱいになった。

ひとつのケージに子犬は何頭いるのかわからない。

大型犬は背中を丸め、とても小さく見える。

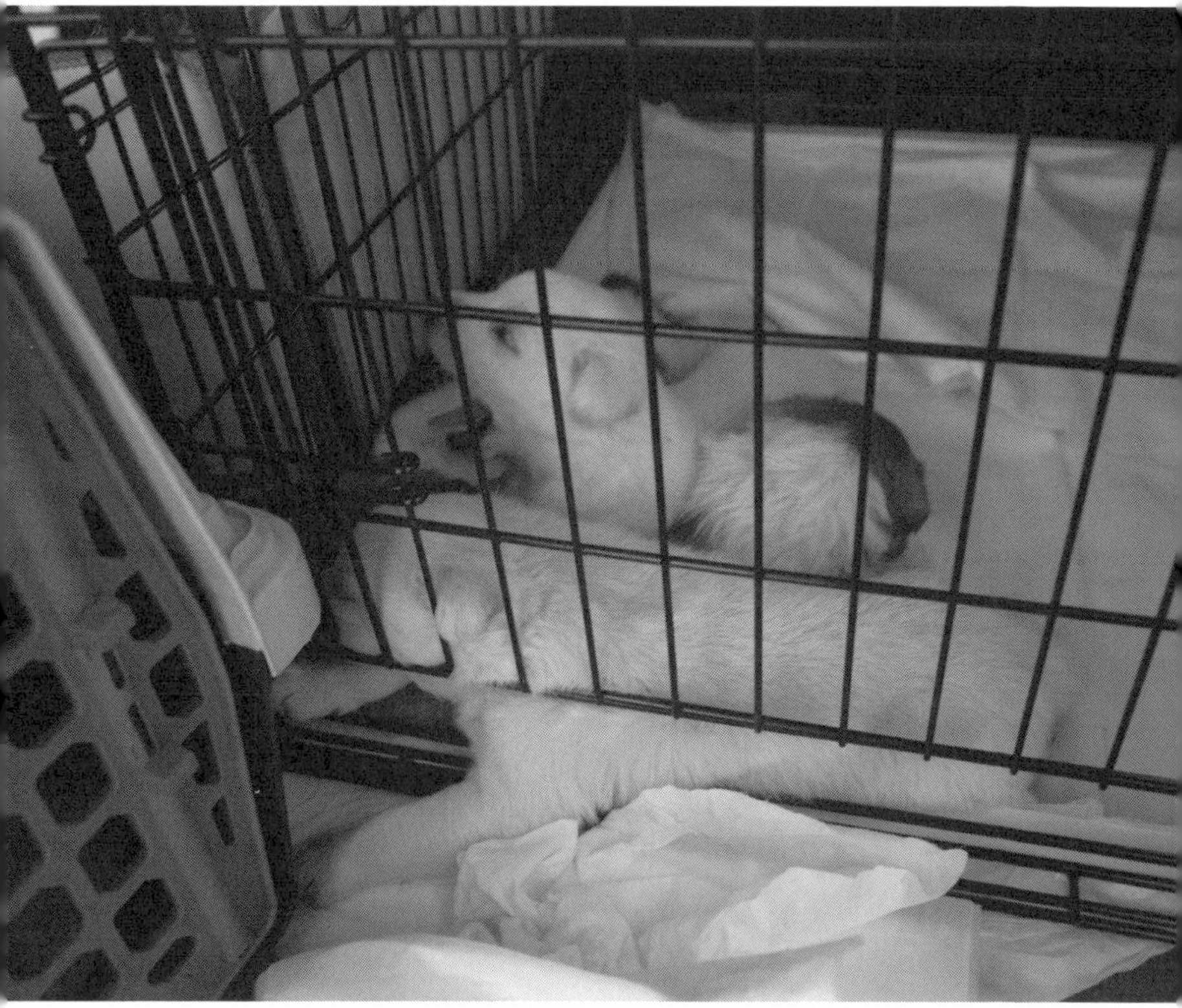

移動

トラックは閑散《かんさん》とした町を通り過ぎ、踏切を越え、畑を抜けてひた走る。
後部に、いくつもの「いのち」を載せたまま。
走るにつれて、あたりの緑が濃くなっていく。
他の車とすれ違うこともなくなると、一気にスピードが上がる。
特別な場所への一本道。
前を行くトラックを見つめながら、
真っ暗な荷台の中でごとごと揺られている犬たちを思う。

やがて平屋《ひらや》のあっさりした建物に到着した。
なんの装飾もなく、説明されなければ何をするところかもわからない。
そこは、地元市民から引き取った動物と、捕獲《ほかく》した動物を収容するところ。
蟬《せみ》が競って鳴いている。
生命を謳歌《おうか》するように、高らかに。

到着

風が吹いている。
細かい光を放ちながら、草木の香りを運んでくる。
遠くの山の上から、くすぐるような音をたてて。

瑞々《みずみず》しさがあふれる風景。
こんなにきれいな日なのに、わたしの心は古い錨《いかり》みたいに、錆《さび》をまとって深く沈む。
君たちはこんなにかわいいのに、簡単に見捨てられてしまった。
ちぐはぐな図に、わたしは困惑《こんわく》する。

引きずられてゆく君が、入り口の手前で振り返った。
その目にこの世界は、どんなふうに映るの。

センター

コンクリートに囲われた建物へ一歩足を踏み入れると、一転して色が消えた。
湿度をはらんだぬるい空気が、ずんと胸を圧《お》す。
肺が重たく感じられるほどに。
空間を支配するのは、動物の臭《にお》いと声。
窓のない壁、敷物のない床、鉄格子《てつごうし》。あるのは、それだけ。
そして犬たち。
仕切りの向こう側に入ったら、もう人の手にふれてもらえることはない。
光と風が遮断《しゃだん》され、外の世界から隔絶《かくぜつ》されることの圧倒的な寂しさに、
わたしは呑《の》み込まれそうになる。

息を詰め、通路に足を踏み出した。
犬たちの視線が集まる。

ひとつめの部屋に収容されていた子犬が、トコトコと近寄ってきた。
混ぜかえしたみたいな、くしゃくしゃの頭をしている。
鉄格子の隙間から一心に前脚を伸ばした。わたしに向かって。
一点の疑いも持たずに、見知らぬわたしに近づく子犬の仕草は好奇心に満ちている。
何者かが自分を傷つけたり、苦しめたりするなど思いもしない。
その身に起きつつあることを、知るすべもない。

地球上の他の誰でもない、わたしに寄ってきた無邪気《むじゃき》な生き物。
わたしへ伸ばされた、小枝ほどの細い前脚。
手を差しのべることも、助けることもしなかった、わたし。

疑問符

ここがどこなのか、わからない。
どうしてここにいるのか、わからない。
これからどこへ行くのか、
何がどうなるのか、
さっぱりわからない。
わかるのは、
ここから出たいということだけ。

君の眼差《まなざ》しが、疑問符に揺れている。
座る場所さえ定まらず、
おろおろしている。
どうしたらいいの、と。

答えに窮《きゅう》したわたしは、
慌てて視線をはずした。

それ以外に、
どうすればいいのかわからなくて。

首輪

赤、緑、青、黄色、ピンク、水玉、ストライプ……。
君たちがつけている首輪は、何を意味するだろう。
その首輪を、君のために選んだ人がいたこと？
その人と過ごした幸せなときがあったこと？

首輪の先にいたはずの人、今朝まで一緒にいた人、君が信じていた人との思い出は、
今の君を慰《なぐさ》めているだろうか。支えているだろうか。
もう二度と会えないとしても。
その人の了解のもとに、君がここにいるのだとしても。

わたしには、その人が見えない。心の在処《ありか》がわからない。
置き去りにされた君がここでひっそり息をしていることに、
思いを馳《は》せはしないのだろうか。
そのことが胸を疼《うず》かせはしないのだろうか。

名前

夜になる。
朝になる。

ふれてくれる手はない。
誰も名前を呼んでくれない。
どんなに叫んでも、君の名を知る人は応《こた》えない。

わたしは君の名前を知りたいけれど、それを呼んで撫《な》でたいけれど、
ひとつのヒントすらない。
首輪の数と同じだけあるはずの名前は、ここではみんな同じ。
「不要犬」

期待

それなのに、信じている。
それでも、待っている。
冷たい床の上で、ほんの少しのぬくもりを分けあいながら。
もう少し辛抱すれば、きっと迎えにきてくれるという顔で、
襲いくる不安と闘いながら。
たくさんの犬たちと過ごす混沌《こんとん》と喧噪《けんそう》の中で、
自分を捜す人の足音を聞き逃すまいとしている。
その瞬間に備えて、じっと耳を澄ませている。

がらんとしたこの部屋には、何もない。
君たちには、何もない。
生きるために必要な水と食べ物はあっても、それだけで生きられるわけではない。
犬が人とふれあわずにいると、これほど空疎《くうそ》な目をするのだと初めて知った。
灰色の壁に囲われた君たちの上を、時間が容赦《ようしゃ》なく流れる。

わたしが近づく気配を察し、何頭もが一斉に集まる。
柵《さく》の手前まで我先《われさき》にとやってくる。
期待に満ちた目が、わたしを眺めて「ああ、違う」と、失望の色に染まる。

ごめんね。
君が待ちわびる人を連れてくることができなくて、本当にごめんなさい。

つぶやいた言葉が聞こえたのか、檻《おり》の間から鼻先を出した君。
わたしの指をなめる慎《つつ》ましやかな仕草と、舌のざらつき。
そこから伝わる震えが、わたしに伝染する。
指の先から体中へ、ざわざわと。

居場所を捜して、うろうろしてみる犬がいる。
結局、同じところに戻り、でも落ちつかず、また立ち上がって歩き出す。

叫び

喉《のど》が裂《さ》けてしまいそうなくらい、
精《せい》いっぱいに叫んでいる。
家族だった人を求める懸命な声も、
厚いコンクリートの壁に
弾《はじ》き返されるだけ。

それでも君は信じている。
待っている。
たった一人の人を。

その人の代わりに、
何もできない。
その人の代わりに、
わたしはなれない。

君が待ち焦がれているのは、
わたしではないから。

思い出

楽しい思い出はあった？
好きな人はいた？

ふたつの問いへの答えを持つ大人の犬と、持たないほど幼い犬とでは、
どちらがより不幸だろう？
考えたそばから、「不幸の度合い」などと、なんて残酷な質問かと思う。
見捨てられただけで、例えようもなく不幸だというのに。
でもそのあと、もっとむごい問いが頭をよぎった。
ここにくる前も、はたして幸せだったのかと。
家族として一緒に暮らすのでなく、所有者として飼っていた人たちは、
君たちを大切にしていたのだろうかと。

長いこと手入れされた形跡のない、ばさばさの皮毛《ひもう》。
放置された怪我《けが》の痕《あと》。
散歩をしていない証《あかし》の、丸く巻いた爪《つめ》。
浮き出たあばら骨。
それらが連想させる毎日は、あまりにも過酷だ。

外につながれたまま、声をかけられることも、ふれられることも、
散歩してもらうことも、楽しみもなく、ただ食べ物と水を与えられるだけの日々。
強風の日も、雪で凍《こご》える夜も、雷が鳴っても、
ひとりぼっちで耐え忍んでいたのかもしれない。
だとしたら、そうだとしたら、感情を持つ生き物にとって、なんてつらい毎日だろう。
そんなひどい仕打ちに、どれだけの間、耐えてきたというの……。

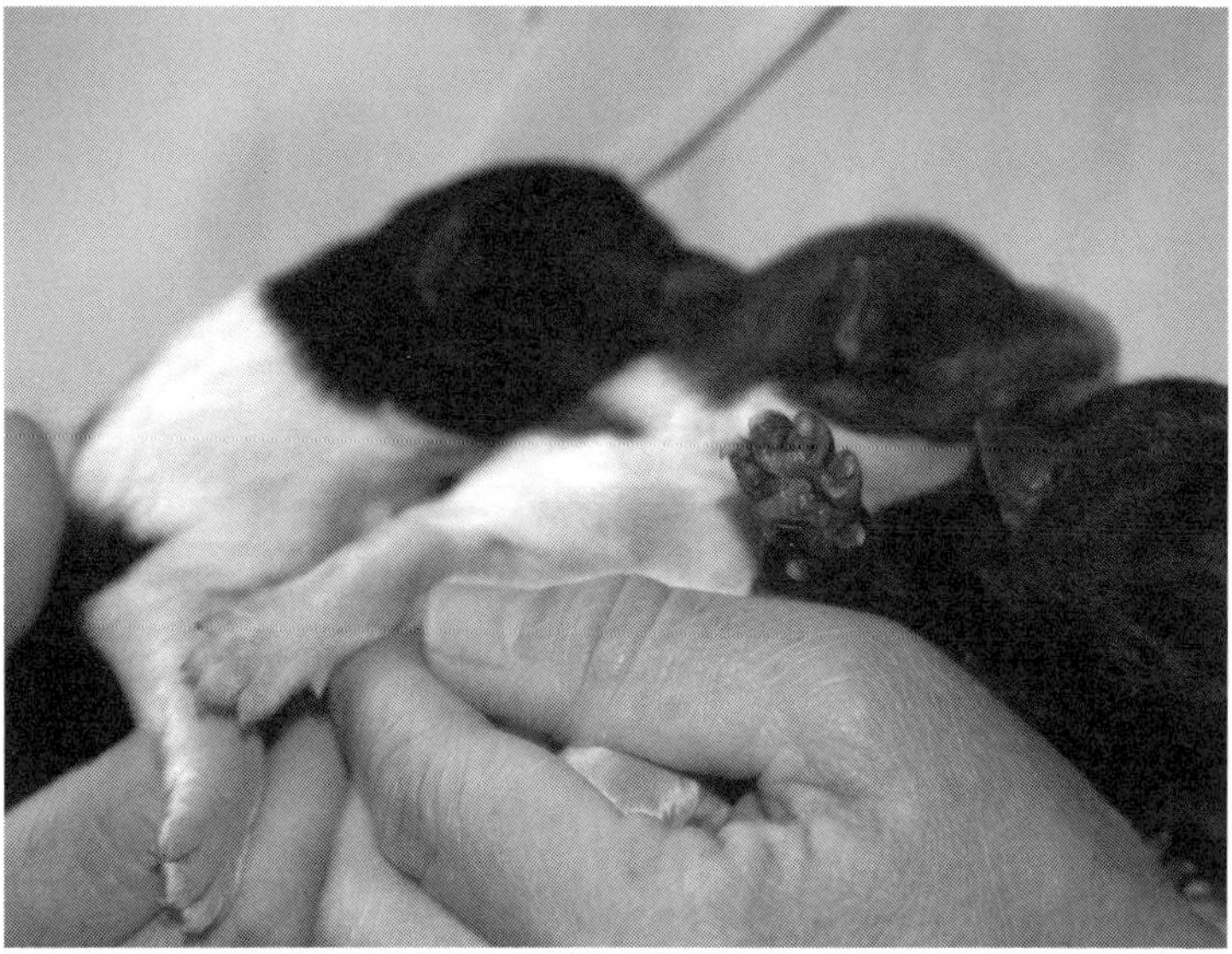

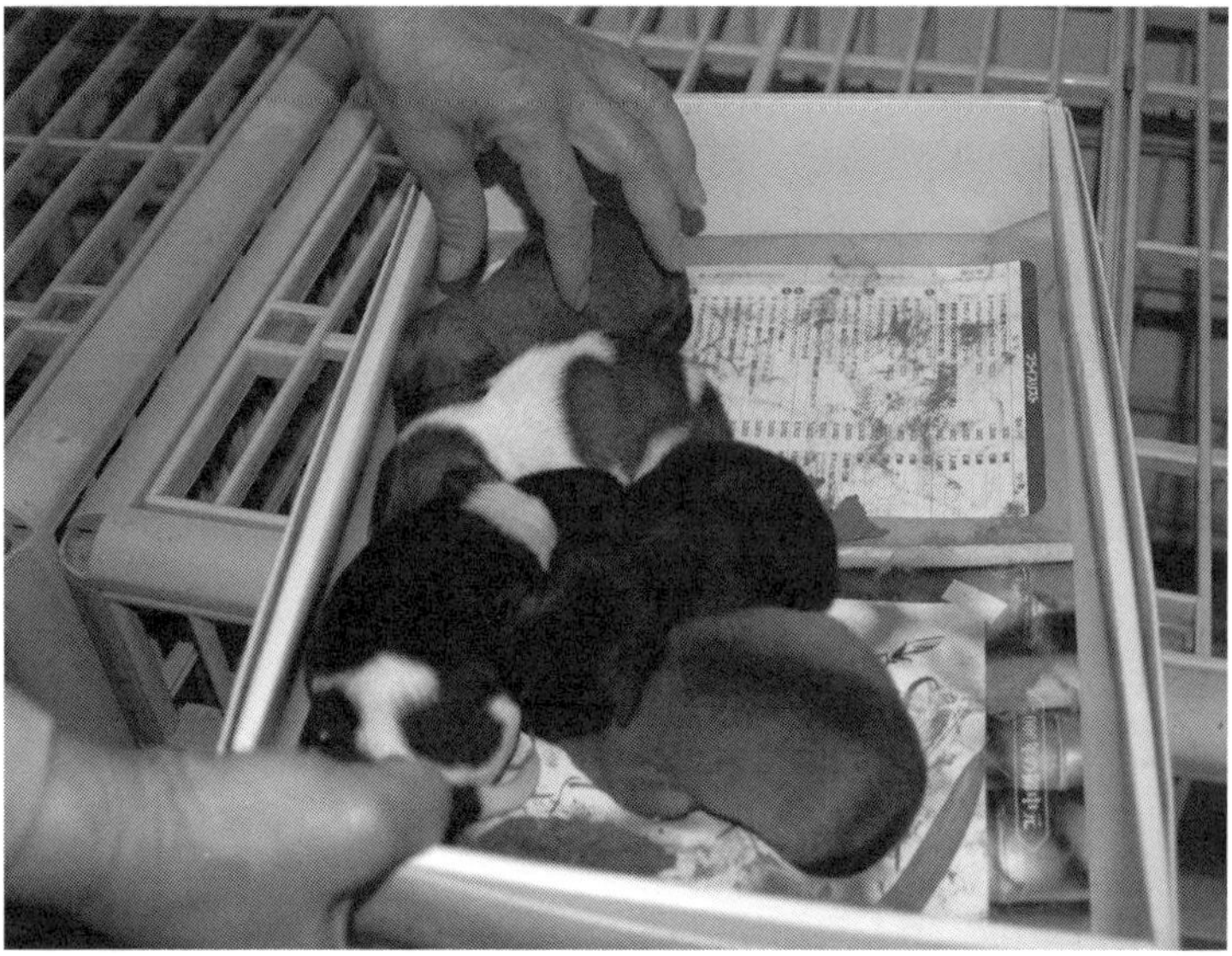

ミルクの匂い

何も知らない。何も見ていない。聞いていない。感じていない。
味わっていない。嗅《か》いでいない。
人とふれあうことを知らない。愛することも、愛されることも知らない。
ほんの数日前に産まれたばかりだから。
まだ両目はちゃんと開いておらず、薄いブルーがかった膜が張っているから。
君の口元は、きっとミルクの匂《にお》いがする。

季節の光を感じたこともなく、
花や、土や、風の匂いも、
草を蹴《け》って走る喜びさえ知らないというのに。
その瞳《ひとみ》は、まだ世界の輝きを何ひとつ映していないのに。
誕生は、それだけで祝福のはず。
でもこの社会は、君たちにそれを許さなかった。

本来なら、君はやんちゃ盛りだね。
たくさんおもちゃを与えられても飽き足らず、
尖《とが》った乳歯《にゅうし》が痒《かゆ》くて、何でもかじりたくて、
動くものは何でもおもしろくて、つい追いかけてしまうころのはず。
そんな君を、家族は微笑《ほほえ》んで愛《め》でるはず。
ピンク色をした鼻先と肉球《にくきゅう》はしっとりやわらかい。
それも日を追ってグレイに、そして黒っぽく変化してゆく。
君たちが順調に大人の犬になってゆく本来の過程を、わたしはよく知っている。

それなのに君の目は、どれほど哀《かな》しい色をしているの。
ひとつのおもちゃもなく、
遊んでくれる人の手もなく。
名前すらなく。

違い

スリッパや家具を破壊しても「かわいい」と言われる犬もいる。
家族と同じ部屋で暮らし、食べるものに配慮してもらい、
ブラッシングしてもらい、遊んでもらう犬がいる。
いくつもの首輪と何枚もの服を所有し、たくさん愛撫《あいぶ》されて、
日に幾度《いくど》も散歩をして、カフェや旅行に出かける犬がいる。
予防接種を受け、具合が悪ければ急いで動物病院に連れて行ってもらい、
冬はぬくぬくと暖かく、夏は涼しく快適に過ごし、
夜はふかふかのベッドで安心して眠りにつく犬がいる。
正月やクリスマスや家族の記念日を一緒に祝い、
誕生日にはケーキにろうそくを立ててもらう犬がいる。
たっぷりの愛情を受けて、成長を見守られて、旅立ちのときは大粒の涙で送られ、
家族の歴史の大切な一員としてアルバムに収まり、思い出に語られる犬がいる。

彼らと、君たちとの間に、いったいどれほどの違いがあるというのか。

年月

「どんな犬が好き？」
そう尋ねられたとき、以前は思い浮かぶままいろいろ答えたものだ。
ふんわりした手ざわりとか、懐《なつ》っこい性格とか、テリア系の四角い顔とか。
並べるうちに自分でも忘れるほど、あれこれ勝手に。
でも今は違う。今ならひとことで答えられる。
「老犬」と。

使い古して肌に馴染《なじ》んだ毛布みたいに、
わたしの体に沿って、てろんと形を成《な》す犬。
そんなふうに、ごく自然にそばにいる犬。

人生を伴走《ばんそう》してくれた犬たちの名をつぶやくだけで、わたしの胸はあわだつ。
一緒に暮らした彼らは何ものにも代え難い、かけがえのない宝。
その最期の息を見届けたとき、わたしの一部も死んでしまった。
永遠に。

汚れた床の上で、力なく横たわる老いた犬。

顔には白いものが混じり、薄くなった毛の色つやも失《う》せ、体を丸めて眠っている。

別の一頭はおぼつかない足取りで、壁づたいの歩みを止めない。

白濁《はくだく》した両目で何かを捜し求めるように、休むことなく歩き続けている。


君たちの姿を見たとき、わたしは凍りついた。

十数年間を共に過ごしてきた人は、今どこで何をしているの？

年老いて病む君は、なぜ、やわらかなベッドでなく、動物病院でもなく、ここにいるの？

「年月は愛を育《はぐく》む」
そう信じてきたわたしは、間違っているのかな……。
たとえ愛情ではなくても、ほんの少しのいたわりさえ持ち合わせない人が、
君の背後に見え隠れしている。

奥へ

毎朝、それぞれの部屋に勢いよく水が流され、床の掃除が終わる。
すると、６つの部屋を仕切る鉄の柵が横に動き始める。
低いうなりを伴《ともな》い、君たちをゆっくりとひとつ隣の部屋に押しやる。
柵に追われて、若い犬も、老犬も、具合が悪そうな犬たちも移動する。
こうして火曜、水曜、木曜と、１日ごとに奥の部屋へ誘導される。
毎日、奥へ、奥へと。６日目には最後の部屋へと。

朝、空っぽになった最初の部屋にも、
午後になればまた新しい犬たちが運び込まれるだろう。
箱に入れられたり、リードでつながれたりして。

隣の部屋に移った君たちは、水浸しの床の上で所在《しょざい》なさそうにしている。
遠くで響いていたあの音が、日ごとに、ひたひたと近づく現実におののきながら。
でも成すすべもなく、冷たいコンクリートの隅で体を寄せ合いながら。

夢

夜の訪れと共に、この部屋はじんとした暗闇《くらやみ》に包まれるだろう。
君たちは、夢を見るのかな。
それは、どんな夢なのかな。
自由に駆けたり、戯れたり、おいしいおやつをもらったり、
めちゃくちゃに撫でまわされたり、無条件に愉《たの》しいものならいいけど。
そこにいる人たちが君のことを大好きで、やさしくしてくれると嬉《うれ》しいけど。
夢の中の君たちは、ゆったりした幸せに浸《ひた》っているといいけど。

わかってる。
そんなのは自分の気持ちを楽にしたいだけの勝手な想像だ。
それは、よく、わかってる。
でも、せめてそう願わずにいられない。

6番目の部屋

そこに居る君たちの鋭い感覚は、
翌朝に起きる出来事を察知していると思う。

いっそ怒りを込めて哮《たけ》ればいいのに。
憎悪《ぞうお》と犬歯《けんし》を剥《む》き出しにして、つらい、悲しい、ひどい、寂しいと、
大声で訴えたらいいのに。
人間なんて大嫌いだと、決して信じたりしないと、許さないと、
全身で責めたてたてくれたらいいのに。

……けれど君たちは、この瞬間にもゆったり尾を振ってわたしに近づく。
胸が痛くなるほど穏やかな表情で、真っすぐにわたしを見る。
森の奥にある湖のように澄んだ瞳が、わたしを裁《さば》く。

この朝も、
いつも通りにその時間が訪れた。

追い込み機の壁がモーター音と共に
ゆっくり作動し始めた。
その動きに追われて進む先は、
一方向しかない。
たとえ抵抗したとしても、
壁に押されるだけのことだ。
ゆっくり、ゆっくりと、
君たちは否応《いやおう》なく導かれてゆく。
細い通路を通り、
鈍い銀色をした小さな部屋の中へ。
ガス処分《しょぶん》機《き》の中へ。

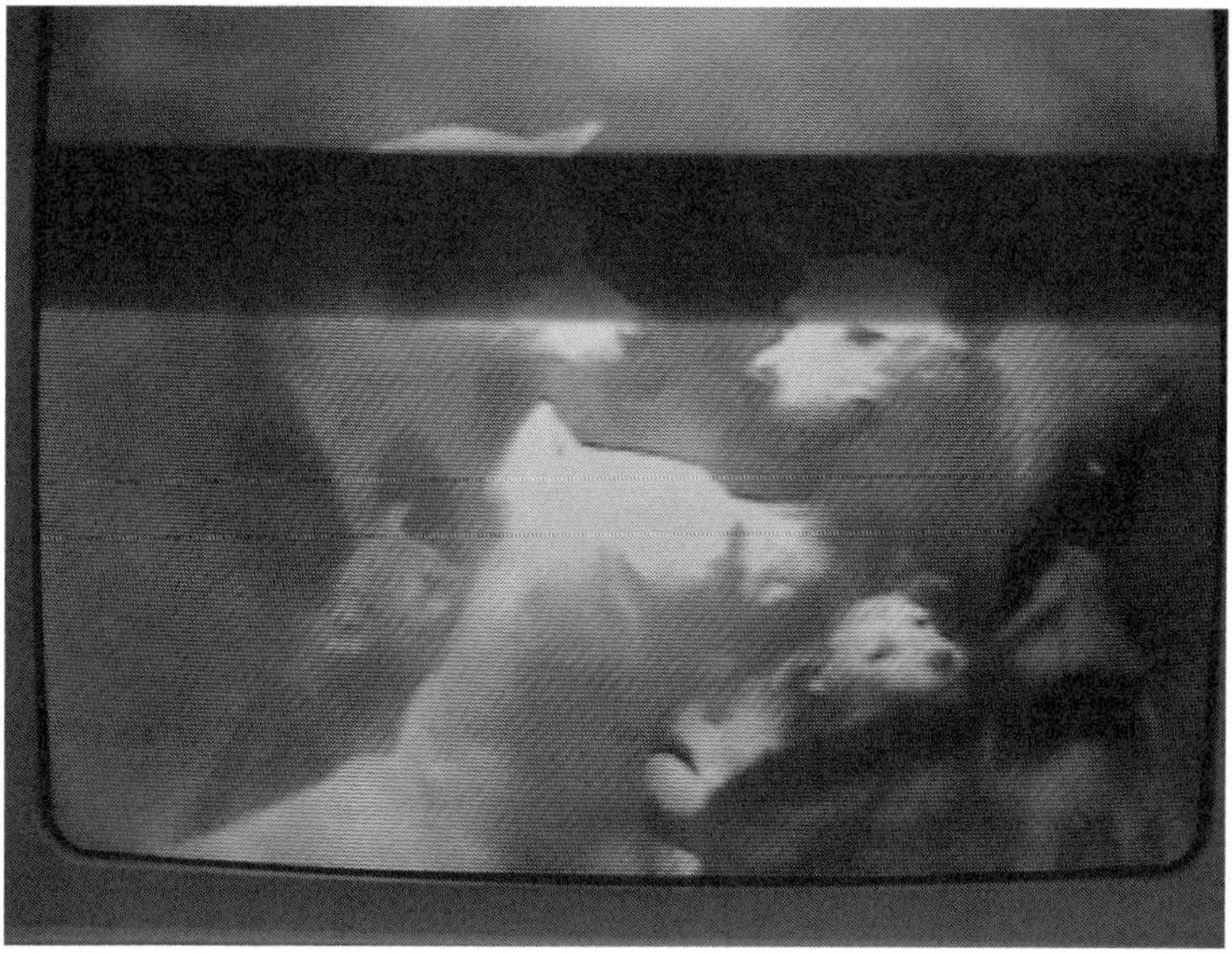

恐怖で興奮し、咬みあう犬がいる。
落ち着きを失い、
パニックを起こす犬がいる。
吠え立てる犬がいる。
歩くのもやっとの高齢の犬も、
脚を引きずってでも進むしかなく、
苦労して処分機の中に入ると
すぐ横になった。
静かな犬も不安に怯えきった顔をして、
見開いた両目が濡《ぬ》れている。

扉が、ぴっちり閉じられた。

簡易処分機

その目的のためだけに製造された機械が、ここにある。
幼い犬たちは、小さな箱形に区切られた処分機に入れられる。
モニター画面と、操作盤に並んだいくつかのボタンひとつで、
すべての作業が執《と》り行われる。
犬たちを処分機へ送るのも、これから炭酸ガスを注入するのも。

一時は家族と呼ばれた犬たち。
人を信じ、人にかわいがられた犬たち。
そんな彼らが、同じその人の明確な意思に従って、
今ここで「そのとき」を待っている。

ガス処分機は「ドリームボックス」とも呼ばれる。
その意図は、眠るように死ねということ？
では、眠るように死ねたら、それなら許されるということ？

「なぜ？」

ガラス窓を通して君の視線が、きりきりとわたしの胸を貫《つらぬ》く。

わたしのうしろの誰かを見ているのだとしても、それはわたしへの問いかけ。


ガスが流れる微《かす》かな音が聞こえる。

生《せい》を呑みこむ透明なガス。

君の呼吸を呑みこむ。鼓動《こどう》を呑みこむ。

君たちは怯えて、狭い箱の中を動き回った。
次々と膝《ひざ》を折り、崩れるように倒れこんだ。
手脚は宙を激しく掻《か》き、もがき、痙攣《けいれん》し、泡を吹き、
残り少ない酸素を求め、首をもたげて振った。

くぐもった声。生命が奪われる刹那《せつな》。

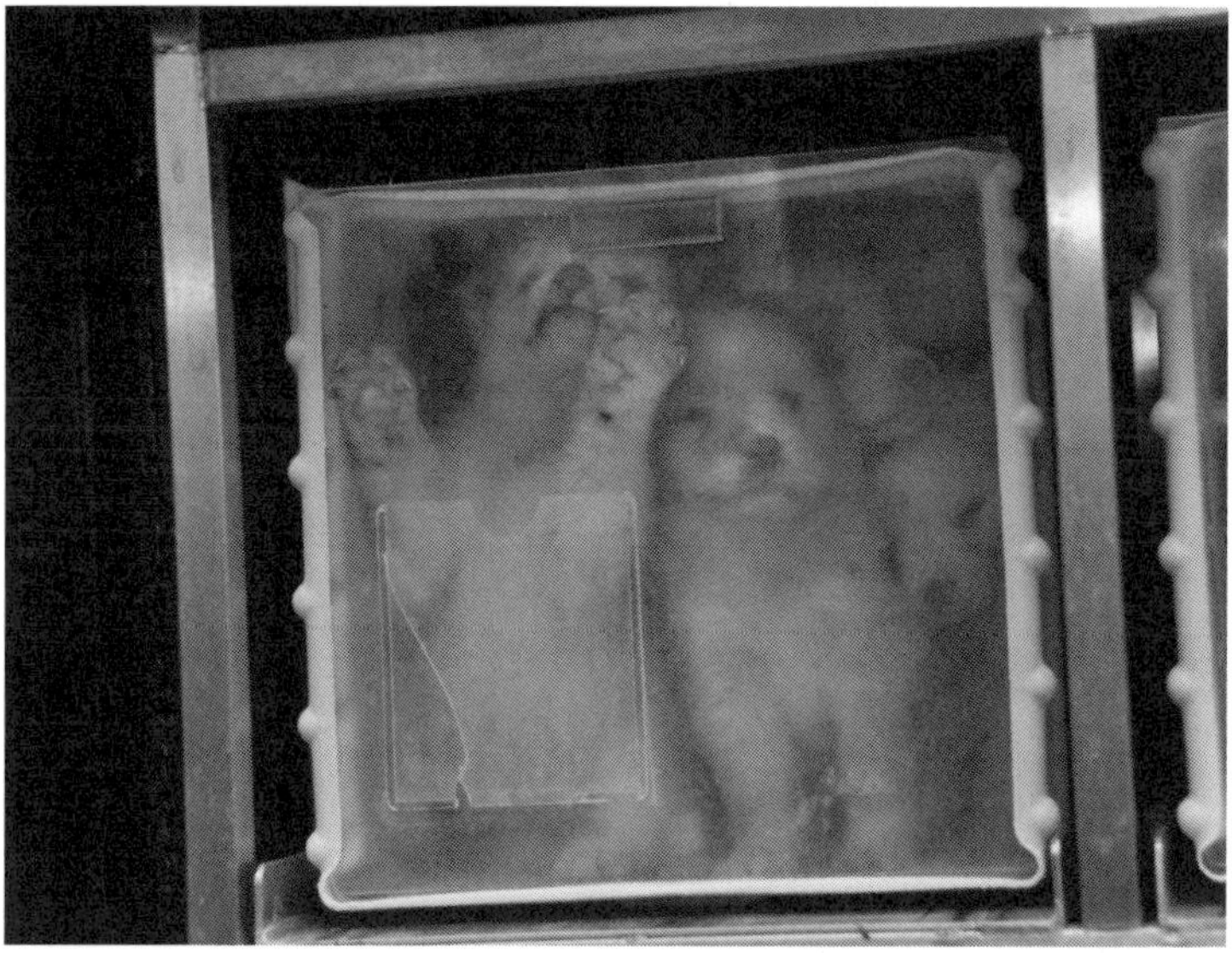

——お願いです、お願いです、一瞬でも早く終わらせてください。

まわりが息絶えつつある中で、最後までガラス窓の近くにいた君が、こちらを見た。

もう酸素は残っていないというのに、苦しいだろうに、それなのに諦《あきら》めることを拒否した。

そうして小刻みに震えながら、懸命に立ちあがった。

痩《や》せた四肢《しし》を踏ん張り、不器用に立って、

もう一度、力強く、たしかに、わたしを、見た。

生きる——その渾身《こんしん》の力。

君の目が、わたしを深く射《い》る。

昇降機
搬送車

跡

再び扉が開かれたとき、一切の気配が消え去っていた。
両目は見開いたまま、でももう、誰のことも捜していない。
たった15分で一変した小さな部屋の中には、
苦しみ抜いたあと、泣き疲れてしまったように、静かに眠る姿が重なり合うだけ。

もう悲しくはない？
もうつらくない？
寂しくない？

ついさっきまで生きていた。
たしかに、生きていた。
ここから出してほしいと、ないていた。
生命力あふれる君に、ふれたばかりだった。

そっと抱き上げると、
今も温かくて、やわらかくて、こんなに愛らしいのは変わらない。
小さな手の先についた肉球の感触。
口元からのぞく乳白色《にゅうはくしょく》の乳歯。
うっすら開いた瞼《まぶた》の奥の目は、もうわたしを見ない。
君はもう、生きていない。

生きていない。

儚《はかな》いほど軽い体に宿ったいのちは、あっけなく消えてしまい、

わたしは何をどう感じたらいいのかわからずに、ただ立ち尽くす。

混乱したまま死んでいった君の顔が、胸に焼き付いている。

手のひらには、君のぬくもりだけが残っている。

君たち

高温の焼却炉《しょうきゃくろ》で焼かれた骨は、君たちが生きた証。
それを拾い上げると、すぐに温度を失った。
ひとつとして同じ色も、同じ形もない。
ばらばらになってしまった、ひとつひとつの、いのちのかけら。
わたしが会った、あの犬も、あの犬も、すっかり姿を変えてしまった。
元気で、人が大好きで、もっともっと生きることができたはずの生き物たち。
人にたくさんの幸せを運ぶことができたはずの犬たちは、
みんな死んだのだ。

その事実に背中を向け、見えないふりをし続けてきた自分自身に茫然《ぼうぜん》とする。
わたしは今まで、何をしてきたのだろう。
君たちを心から愛していたというのに、今まで何をしてきたのだ。

1号炉

仮の家族

けれど君たちは、人を信じることをやめなかった。

差し出した手を、ためらいなく受けとめてくれた。
だからわたしも、諦めないと決めた。
わたしは一時預かりをする仮の家族になり、
君は保護犬《ほごいぬ》になった。

これからゆっくりして、清潔にして、必要な治療を受けよう。
人との生活に少しずつ慣れよう。
もう誰も君を苦しめたり、いじめたりしない。
もう決して寂しい思いはさせない。

ちょっとずつ、普通の生活を取り戻していこう。
しばらく心と体のリハビリをして、すべての準備が整ったら、
君を宝物のように大事にしてくれる、本物の家族に紹介するからね。

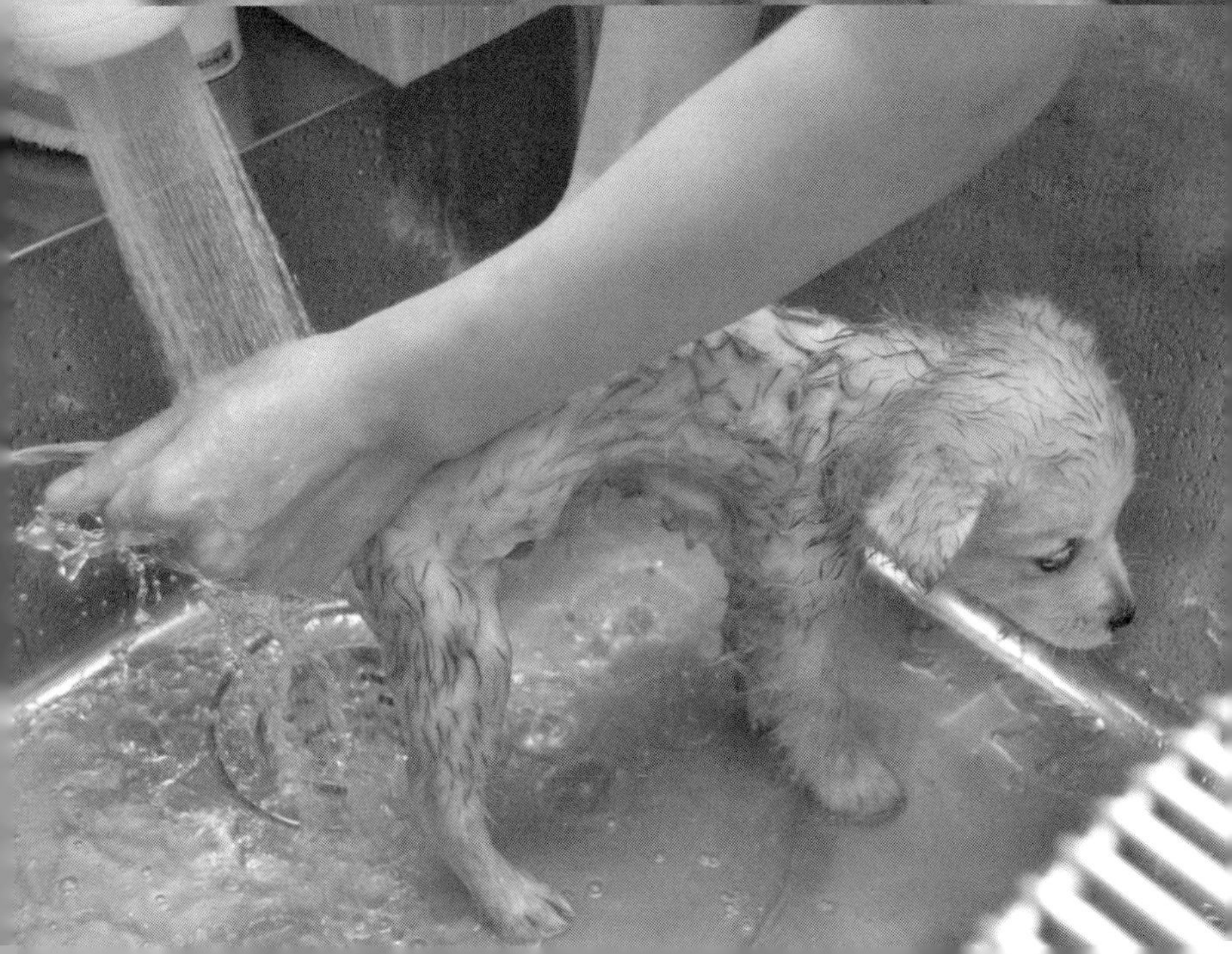

窓を開けて、新鮮な空気を胸いっぱいに吸おう。
君には明日がくるのだから。
明日の向こうに、まっ白いキャンバスみたいな日が待っているのだから。
それをこれから、君の家族と一緒に彩《いろど》ってゆくんだよ。
たくさんの笑顔と、喜びと、希望の色で。

その瞳には、きれいなものだけ映したい。
その無垢《むく》な心には、やさしい思いだけ届けたい。

わたしには見えるようだよ。

君が大切にされて、愛されて、幸せそうに暮らす毎日が。
大好きな人のもとへ踊るように走ってゆき、飛び込んだ胸で甘える姿が。
その家族を、君が幸せにする様子が。
その家族の、幸福に包まれた笑顔が。

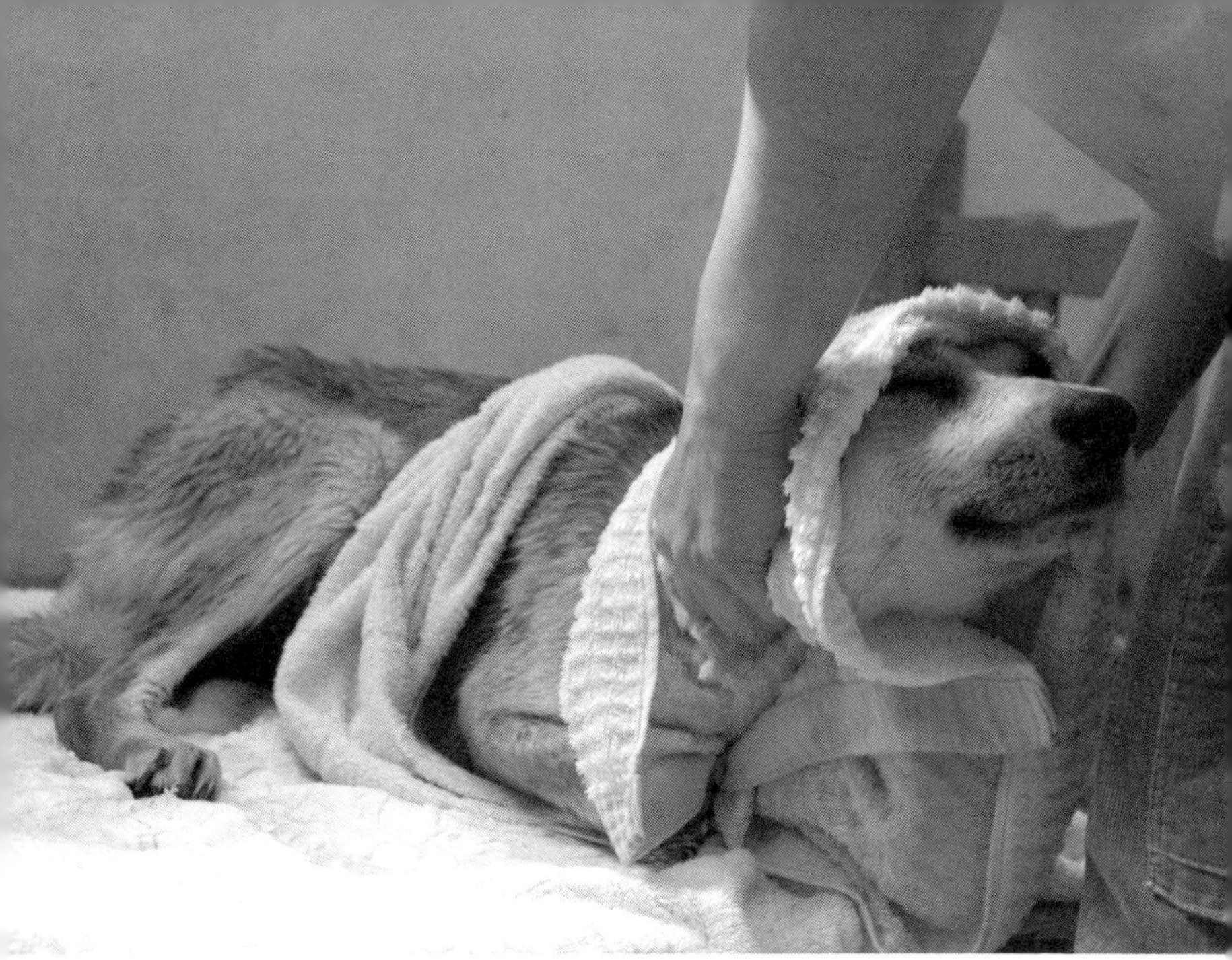

その人

君が得られなかったもの。
やさしくふれる手、あたたかな寝床、
十分な食べ物と新鮮な水。
リードでつながった人と一緒に歩く毎日、
一緒に帰る家。

君が求めたもの。
そのままの君を愛してくれる人。
何があろうと君を守りぬき、
最期の瞬間まで抱きしめてくれる家族。
そんなささやかな夢が、
どうか叶《かな》いますように。

君と生きるその人は、
いつまでも変わらぬやさしい声で

呼びかけてくれますように。
世界にたったひとつの、
君だけの、うつくしい名前で。

灰になった、何百万、何千万ものいのちの分まで、
君は、生きる。

君のいのちは輝く。

あなたができる、犬たちを救う11の方法

現状を広める

ペットにまつわる諸問題、殺処分が安楽死でないこと、センターから一時預かりで保護された犬猫が家族を求めていることなどを周囲に伝える。

捨てさせない

周囲にペットを捨てそうな人がいたら、新しい家族を探すよう説得し、ネットや情報誌に掲載するなどして手伝う。

目を光らせる

悪質と思われるペットショップがあれば動物取扱業の登録番号をチェックし、展示されている犬猫の衛生管理などを観察して地域の担当窓口に相談する。

通報する

愛護動物の遺棄と虐待は犯罪なので、見かけたら警察に通報する。

飼う前に考える

ペットと暮らし始める前に、その平均寿命まで飼い続けられるか家族でよく話し合い、ライフスタイルに合った動物を選ぶ。

買わない

悪質と思われるペットショップでは、動物はもちろん、おやつ一個でも買わない。

迷子にさせない

飼い犬は登録して、鑑札や迷子札をつける。マイクロチップも有効。

殖《ふ》やさない

不妊去勢手術を施す。素人の安易な繁殖は遺伝性疾患を広めるし、複数頭にもらい手を見つけるのは大変。

手放さない

家族として迎えたら、最期の瞬間まで家族として共に過ごす。

ボランティア活動に参加する

直接的な動物保護以外にも寄付や啓発活動などさまざまな形の貢献がある。

家族になる

施設やボランティアの方に希望を出して、保護された犬を家に迎え入れる。

全国の主な収容動物保護施設＆問い合わせ先

●ここに挙げた自治体の施設以外にも、ボランティアで保護動物問題に取り組む民間のネットワークなどはたくさんあります。インターネットなどで情報収集、情報交換をして、ぜひ、新しい家族として迎え入れてもらえることを願います。

●環境省「収容動物データ検索サイト」(http://www.jawn.go.jp/) では、全国の自治体の施設にリンクされ、譲渡動物を見つけやすくなっています。ぜひ活用してみてください。

●多くの自治体のホームページ内では、保護されている犬や猫たちの情報や写真を公開し、その県や市区町村にお住まいの方々から、新たな飼い主を募集しています。検索の欄で、「○○（自治体名） 動物愛護」等の言葉で検索すると、より早く、身近で保護されている犬のページにたどり着くことがあります。

●譲渡に際しては、多くの自治体が、事前講習会を義務づけています。

●以下にあげた施設は、その中の一部で、各都道府県、市の管轄の主なものです。これ以外にも市町村単位で、問い合わせ先はたくさんあります。

●身近な場所に都道府県と市町村、両方の施設がある場合、別々の犬や猫が保護されています。それぞれに、リアルタイムの状況をお尋ねください。

【北海道】
●北海道環境生活部　環境局自然環境課　特定生物グループ
札幌市中央区北3条西　011-204-5205
●札幌市動物管理センター
札幌市西区八軒9条東　011-736-6134
●函館市保健所　生活衛生課　動物衛生担当
函館市五稜郭町　0138-32-1524
●旭川市保健所　衛生検査課　生活衛生係
旭川市7条通　0166-25-5271

【青森県】
●青森県動物愛護センター
青森市大字宮田　017-726-6100

【岩手県】
●岩手県環境生活部　県民くらしの安全課
盛岡市内丸　019-629-5322
●盛岡市保健所　生活衛生課
盛岡市神明町　019-603-8311

【宮城県】
●宮城県動物愛護センター
黒川郡富谷町明石　022-358-7888
●仙台市動物管理センター
仙台市宮城野区扇町　022-258-1626

【秋田県】 ●秋田県動物管理センター
秋田市浜田　018-828-6561
●秋田市保健所　衛生検査課
秋田市八橋南　018-883-1182

【山形県】 ●山形県健康福祉部　保健薬務課　生活衛生担当
山形市松波　023-630-2329

【福島県】 ●福島県保健福祉部　食品生活衛生課
福島市杉妻町　024-521-7245
●いわき市保健所　生活衛生課
いわき市内郷高坂町四方木田　0246-27-8592
●郡山市保健所　生活衛生課　動物愛護係
郡山市朝日　024-924-2157

【栃木県】 ●栃木県動物愛護指導センター
宇都宮市今宮　028-684-5458
●宇都宮市　保健福祉部　生活衛生課　環境衛生グループ
宇都宮市竹林町　028-626-1109

【群馬県】 ●群馬県動物管理センター
沼田市佐山町　0278-23-9359
●(財)日本動物愛護協会群馬支部　アニマルランド
高崎市高関町　027-345-6331
●前橋市保健所　衛生検査課
前橋市朝日町　027-220-5777

【茨城県】 ●茨城県保健福祉部　生活衛生課　環境・動物愛護グループ
水戸市笠原町　029-301-3418

【千葉県】 ●千葉県動物愛護センター
富里市御料　0476-93-5711
●千葉市動物保護指導センター
千葉市稲毛区宮野木町　043-258-7817
●船橋市動物愛護指導センター
船橋市潮見町　047-435-3916
●柏市保健所　生活衛生課
柏市柏　04-7167-1259

【埼玉県】　●埼玉県保健医療部　生活衛生課　動物指導担当
さいたま市浦和区高砂　048-830-3612
●さいたま市動物愛護ふれあいセンター
さいたま市桜区神田　048-840-4150

【東京都】　●東京都動物愛護相談センター　本所
世田谷区八幡山　03-3302-3507
●東京都動物愛護相談センター　多摩支所
日野市石田　042-581-7435

【神奈川県】●神奈川県動物保護センター
平塚市土屋　0463-58-3411
●横浜市畜犬センター
横浜市中区かもめ町　045-621-1558
●川崎市動物愛護センター
川崎市高津区蟹ヶ谷　044-766-2237
●横須賀市保健所　生活衛生課
横須賀市西逸見町　046-824-9871
●相模原市保健所　生活衛生課　生活衛生担当
相模原市中央　042-769-8347

【山梨県】　●山梨県動物愛護指導センター
中央市乙黒　055-273-5034

【長野県】　●長野県衛生部　食品・生活衛生課
長野市南長野字幅下　026-235-7154
●長野市保健所　生活衛生課
長野市若里　026-226-9970

【新潟県】　●新潟県福祉保健部　生活衛生課　動物愛護・衛生係
新潟市中央区新光町　025-280-5206
●新潟市保健所　健康衛生課　動物愛護係
新潟市中央区紫竹山　025-212-8173

【富山県】　●富山県厚生部　生活衛生課
富山市新総曲輪　076-444-3230
●富山市保健所　生活衛生課
富山市蜷川　076-428-1154

【石川県】　●石川県南部小動物管理指導センター
石川県小松市日末〆　0761-21-7297
●金沢市保健所　衛生指導課　環境衛生担当
金沢市西念　076-234-5114

【福井県】　●福井県健康福祉部　食品安全・衛生課
福井市大手　0776-20-0354

【静岡県】　●静岡県厚生部　生活衛生局　生活衛生室　動物愛護係
静岡市葵区追手町　054-221-2347
●静岡市動物指導センター
静岡市葵区産女　054-278-6409
●浜松市保健所　生活衛生課
浜松市中区鴨江　053-453-6113

【愛知県】　●愛知県動物保護管理センター
豊田市穂積町新屋　0565-58-2323
●名古屋市動物愛護センター
名古屋市千種区　052-762-0380
●豊田市福祉保健部　保健衛生課　動物愛護担当
豊田市西町　0565-34-6181
●岡崎市動物総合センター　動物1班
岡崎市欠町字大山田　0564-27-0402

【岐阜県】　●岐阜市保健所　生活衛生課　動物管理指導グループ
岐阜市都通　058-252-7195

【三重県】　●津市保健福祉事務所　衛生指導課
津市桜橋　059-223-5112
●四日市市保健所　衛生指導課　動物愛護管理担当
四日市市新正　059-352-0613

【滋賀県】　●滋賀県動物保護管理センター
湖南市岩根　0748-75-1911
●大津市動物愛護センター
大津市仰木の里　077-574-4601

【京都府】 ●京都府動物愛護管理センター
京都市西京区大枝沓掛町　075-331-1899
●京都市家庭動物相談所
京都市南区上鳥羽仏現寺町　075-671-0336

【奈良県】 ●奈良県桜井保健所動物愛護センター
宇陀市大宇陀区小附　0745-83-2631
●奈良市保健所　生活衛生課　生活衛生係
奈良市西木辻町　0742-23-6172

【和歌山県】 ●和歌山県動物愛護センター
海草郡紀美野町国木原　073-489-6500
●和歌山市保健所　生活保健課　動物保健班
和歌山市吹上　073-433-2261

【大阪府】 ●大阪府犬管理指導所
大阪市東成区中道　06-6981-1050
●大阪市動物管理センター
大阪市住之江区柴谷　06-6685-3700
●堺市保健所　動物指導センター
堺市堺区東雲西町　072-228-0168
●東大阪市保健所　食品衛生課
東大阪市岩田町　072-960-3803
●高槻市保健所　保健衛生課環境衛生係
高槻市城東町　072-661-9331

【兵庫県】 ●兵庫県動物愛護センター
尼崎市西昆陽　06-6432-4599
●神戸市動物管理センター
神戸市北区山田町　078-281-9741
●姫路市動物管理センター
姫路市東郷町　079-281-9741
●西宮市動物管理センター（生活環境グループ動物愛護チーム）
西宮市鳴尾浜　0798-81-1220
●尼崎市動物愛護センター
尼崎市西昆陽　06-6434-2233

【鳥取県】 ●鳥取県生活環境部　公園自然課　自然環境保全担当
鳥取市東町　0857-26-7877

【島根県】　●島根県健康福祉部　薬事衛生課
松江市殿町　0852-22-6487

【岡山県】　●岡山県動物愛護センター
岡山市北区御津伊田　0867-24-9512
●倉敷市保健所　生活衛生課　動物管理係
倉敷市笹沖　086-434-9829

【広島県】　●広島県動物愛護センター
三原市本郷町南方　0848-86-6511
●広島市動物管理センター
広島市中区富士見町　082-243-6058
●福山市動物愛護センター
福山市駅家町下山守　084-970-1201

【山口県】　●山口県動物愛護センター
山口市陶　083-973-8315
●下関市動物愛護管理センター
下関市大字井田　083-263-1125

【徳島県】　●徳島県動物愛護管理センター
名西郡神山町阿野字長谷　088-636-6122

【香川県】　●香川県健康福祉部　生活衛生課　乳肉衛生・動物愛護グループ
高松市番町　087-832-3179
●高松市保健所　生活衛生課　環境衛生係
高松市桜町　087-839-2865

【愛媛県】　●愛媛県動物愛護センター
松山市東川町乙　089-977-9200
●松山市保健所　生活衛生課　動物愛護担当
松山市萱町　089-911-1862

【高知県】　●高知県小動物管理センター
高知市孕東町　088-831-7939

【福岡県】 ●(財)福岡県動物愛護センター
古賀市小竹　092-944-1281
●福岡市東部動物管理センター
福岡市東区蒲田　092-691-0131
●福岡市西部動物管理センター
福岡市西区内浜　092-891-1231
●北九州市動物愛護センター
北九州市小倉北区西港町　093-581-1800
●久留米市動物管理センター
久留米市東櫛原町　0942-30-1500

【佐賀県】 ●佐賀県健康福祉本部　生活衛生課　動物愛護担当
佐賀市城内　0952-25-7077

【長崎県】 ●長崎県県民生活部　生活衛生課
長崎市江戸町　095-895-2364
●長崎市動物管理センター
長崎市茂里町　095-844-2961

【熊本県】 ●熊本県動物愛護管理ホームページ（健康福祉部　健康危機管理課）
熊本市水前寺　096-333-2248
●熊本市動物愛護センター
熊本市小山　096-380-2153

【大分県】 ●大分県生活環境部　食品安全・衛生課　生活衛生班
大分市大手町　097-506-3053
●大分市福祉保健部　保健所衛生課　動物愛護担当班
大分市荷揚町　097-536-2567

【宮崎県】 ●みやざき動物愛護情報ネットワーク（宮崎県福祉保健部　衛生管理課）
宮崎市橘通東　0985-26-7077
●宮崎市　健康管理部　保健衛生課
宮崎市宮崎駅東　0985-29-5283

【鹿児島県】 ●鹿児島県保健福祉部　生活衛生課
鹿児島市鴨池新町　099-286-2788
●鹿児島市動物管理事務所
鹿児島市田上町　099-264-1237

【沖縄県】 ●沖縄県動物愛護管理センター
南城市大里字大里　098-945-3043

犬たちのために、ぜひ知っておいてください

犬たちをめぐる問題をごく身近に感じたのは10年前のことです。米国サンフランシスコ市の動物保護管理局で、私がボランティアとして散歩に連れ出した保護犬は、闘犬という裏社会から救出されたピットブルテリアでした。シェルターでは収容期限を設けず、家庭犬として適性があれば譲渡していましたが、それにも限界があります。犬たちは人の楽しみのために飼われ、無用となれば行き場を失う。それは生命を失うことなのだと実感しました。

帰国後、改めて動物の保護《レスキュー》活動現場や、犬猫がごみ同様に回収される現場（定点定時収集）などを歩き、国内の状況を学びました。その間に何カ所かの動物保護収容センターを訪問して、殺処分に立ち会うことになります。本書に掲載している複数の施設の写真は、許可を得て撮影したものです。

ガスが抜けたあとの殺処分機内部は、命の光が消え、糞尿《ふんにょう》にまみれています。しっとり濡《ぬ》れた子犬の亡骸《なきがら》を抱き上げた重みが、この問題から目を背け、見殺しにし続けてきた命の数を私に問いかけました。

犬たちは、どうして死ななければならないのか。

彼らを「誰かが捨てた哀れな命」と考える限り、殺処分はなくなりません。原因のひとつは、人々の無関心なのですから。

私たちは「命を大切に」と、子どもに教えます。ペットから、喜びや楽しみ、心の安定を受け取ります。補助犬（盲導犬、介助犬、聴導犬）と生きる人は「生活が便利になるよりも、精神的に支えられる効果のほうが大きい」と言います。現代社会において彼らの存在は「ただの動物」でなく、家族の一員であり共に生きる相手です。

しかしその一方で、ペットが品物のように捨てられています。遺棄された犬と猫は地域のセンターに収容され、基本的に3日から1週間の公示期限を過ぎると殺処分を受けます。海外では「苦痛を伴う」として禁止するところもある炭酸ガスを使用する理由は、国から半額の補助を受けられることと、一度に大量の動物を処分できるからです。本来なら「注射で麻酔薬を過剰投与する安楽死処分を行うべき」と論じられているのですが、その方法を取り入れている自治体は数えるほどです。また、幼い個体は呼吸が浅く、成犬と同じ処分機では致死まで時間を要して苦しみが長引くので、本書に写真が掲載された自治体では、専用の簡易処分機を使用しています。

厳しい現実ではありますが、時代と共に事情は確実に変わってきており、殺処分の頭数は10年前に比べて半減しています。背景として、ペット関連の諸問題がメディアなどを通じて知られるようになり、市民の意識が高まったことと、問題に心を痛めた個人や民間団体による地道な保護活動が広まったことが挙げられます。本書の後半にあるように、ボランティアの人たちは、殺処分の一歩手前で犬や猫をレスキューしたあと、一時預かりとして自宅に保護しながら根気よく心身のケアをし、必要な治療を受けさせます。その後に新しい家族を募集して、希望者が現れれば、よく相談した上で譲渡します。これらの活動は善意の上に成り立っており、経済的、時間的負担はとても大きいのです。

こうしたさまざまな動きや世論が相まって命を救ってはいますが、依然として捨てられる数がそれを上回り、いったんセンターに収容されると、生き残れる確率はたったの5％に過ぎません。これら、〝救う活動〟を進めると同時に、まずは〝捨てさせない社会〟にしていかねばなりません。ペットを捨てる人の多くはごく普通の市民です。ですから、一般の飼い主に向けた適正飼育と終世飼養《しゅうせいしよう》義務についての、意識向上及び啓発《けいはつ》が必要であり、それには獣医師とペット販売業者の協力、そして衆人環視が欠かせません。

法律面の大きな変化としては、全国の動物福祉・愛護の団体が協力した結果、「動物の愛護及び管理に関する法律」が２０００年に改正されました。その後、２００５年に再改正され、愛護動物を捨てたり、食餌《しょくじ》や水を与えず衰弱させたりすると、50万円以下の罰金を科されることが定められました。傷つける、殺してしまうといった虐待は１００万円以下の罰金もしくは１年以下の懲役が科される重大な犯罪です。海外の動物愛護先進国では、基本的な世話や医療を施さないのも飼育怠慢で虐待にあたるという認識です。今後は日本の法律でも、こうしたことが虐待として明確に定義されることを望みます。

同法律では動物取扱業を登録制とし、基準違反による登録の取り消しも可能です。しかし誰の目にも明らかな悪質業者さえ営業を続けており、この点については、今後のさらなる規制強化と自治体の実行力に期待したいところです。正しいブリーダーならば感染症や遺伝性疾患について細心の注意を払いますが、悪質業者は利益がすべてです。彼らは最低限の世話すらせず、親犬を不衛生極まりないケージに閉じ込め、繁殖の道具として体力の限り出産させます。産まれた子犬は市場で競られ、小売業者の元へ運ばれます。売り時のピークである生後３ヵ月を過ぎて値崩れし、売れ残った動物たちの処遇は、業者によってさまざまです。繁殖用に酷使したり、まとめてどこかに放置したり、直接センターに捨てたり……。もっと悲惨な例もあると聞きます。一方、施設側でも、犬猫を持ち込む人が業者かどうか確認しないセンターや、業者と知りながら引き取るセンターもあります。

　私が見学した市場《いちば》では、遺伝性疾患の兆候を認めた個体を通常より安く売買していました。のちに業者がそのことを明示した上で販売するかは定かでなく、販売後に症状が悪化して特別な治療や手術を要するケースもあり得るでしょう。消費生活センターなどに届く悪質業者への苦情は右肩上がりである現況からも、動物取扱業者を厳しく取り締まることは急務です。また「かわいい」「安い」「手軽だから」と、繁華街などにある深夜営業のペットショップやネット通販で、深く考えずに動物を購入する消費者にも大いに問題があります。

　劣悪な繁殖場や過酷な流通の過程で、あるいは店舗での不適切な管理により失われた命は、人知れず消えゆくのみです。全国で年間約10万頭の犬と約20万頭の猫が殺処分となっていますが（２００７年度）、このデータには、ペットショップに並ぶ前に息絶えた命の数は含まれていません。

　法律と人心が変容を遂げる中、動物問題に目を向ける議員の数は増えたと思います。２００６年に民主党の松野頼久議員が環境委員会で行った質問をきっかけに、２００７年度には環境省と厚生労働省が、公示期限を過ぎた犬にも生存の機会を与えるようにとの公式な通知を出しました。今までの「期限が過ぎれば殺処分」から「できるだけ生かす」へと、国が政策を方向転換したのです。２００８年度には「犬猫の譲渡のためのワクチン・えさ代」に３億５０００万円が地方交付税として計上されました。続いて2009年度には「動物収容・譲渡対策施設整備補助」に1億円の予算がおりました。殺処分ありきであった既存の施設を、今後は保護シェルターとして改善する費用を半額まで補助するというものです。この予算は「動物愛護管理指針」に基づいた犬猫の殺処分半減計画が続く2017年度までつく予定です。せっかくの予算を、ぜひ最大限有効に活用していただきたいものです。

　私が取材を始めた当初のセンターの窓口といえば、取材に対して閉鎖的で、稼働していない処分機の外観すら見せてもらえませんでした。しかし、行政の方向性が変容を遂げたように、地域格差はあるものの、職員の方々の言動も以前とは明らかに異なり、動物の命を守るための前向きな努力を継続して良い結果を出しています。

　センター職員は、毎回つらい思いで処分機のボタンを押しています。一部の無責任極まりない飼い主の尻拭《しりぬぐ》いをさせられる上に、殺処分の作業は一般からの非難を受けがちで、その精神的負担は計り知れません。一方、ボランティアの人は、人間の都合で行き場をなくした動物を救うため、自らの生活を犠牲にすることもあります。ペットを捨てる行為と殺処分は、こうして人も動物も不幸にしています。

　そして、さらなる問題として、殺処分は私たちが自治体に納めた税金で行われているという事実も挙げられます。ということは、動物が好きか嫌いとは別次元の一般的な社会問題として、また、動物でなく人の問題として捉《とら》えるべきではないでしょうか。

　写真の犬たちは、救われたほんの一握りを除いて、もうこの世にはいません。残念ながら殺処分は、すぐにゼロにはなりません。けれど、それを目指して今できることはあります。そのために求められるのは一人一人の小さな気付きであり、こうした不幸をつくらないための積み重ねです。

犬を飼う前に、15年間も飼いきれるか家族で話し合ってください。飼い始めたら、登録し、鑑札や迷子札を付けて迷子にさせないでください。安易に殖《ふ》やさないでください。不妊去勢手術は発情期の多大なストレスをなくし、生殖器系の病気の予防になり、寿命を延ばします。遺棄や虐待を見かけたら通報し、ペットを捨てさせない社会づくりに協力してください。新たに犬と暮らしたいと思ったときは、ネットで保護犬の情報を検索したり、巻末リストにある地域窓口に連絡したりしてみてください。レスキューされた犬たちを家族に迎えることは、ひとつの命を救うことです。そしてどうか決して手を放さずに、その1頭の最期の瞬間まで家族でいてください。

本書の刊行にあたって、ハードな撮影をこなしてくれた山口美智子さん、取材にご協力いただいた佐藤陽子さん、大屋寿美子さん、松本卓子さん、センター職員の方々へ御礼申し上げます。

朝日新聞出版の島本脩二さん、高橋伸児さん、藤沼亮さん、デザイナーの川名潤さん、どうもありがとうございました。そして、このテーマに意義を感じ、精力的に取り組んでくださった、熱きハートの石黒謙吾さんに感謝を捧《ささ》げます。

2010年　年のはじめに　渡辺眞子

著作権者は、本書の印税の一部を、動物保護活動のために使用します。

弱虫だった自分

石黒謙吾

ずっと逃げ続けていた僕を変えてくれたのは、渡辺眞子さんでした。

子供の頃、近所の人が軽口のように放っていた言葉。「保健所が来て連れて行かれるよ」。その恐ろしい響きから、犬が連れ去られるシーンを想像し、うちにいた雑種のジョンをなんとしても守らなければと思ったものです。そんな時、ジステンパーの後遺症で後ろ脚が1本動かなくなったジョンが、いつにもまして愛《いと》おしく思え、金沢の市営住宅の小さな庭を3本脚で元気に走り回る姿を、ずっと眺め続けていました。

叔父《おじ》ふたりが獣医師で、その医院で病んだ犬や猫たちの姿を見た時も、いいようのないつらさに胸が締めつけられもしました。それらの経験が、動物の殺処分問題に対する、必要以上の拒絶反応につながっていったのでしょう。大人になってからも、街頭でのチラシを撒《ま》きながらの呼びかけにも、じっくり立ち止まろうとしない。メディアでこの問題について語っていても、深く入り込んでいこうとはしない。そんな状態でした。心が斬られるようだと自分に言い分けをしつつ。

遠ざけるだけだった心が少し変わったのは、妻が、実家で飼う犬を里親ボランティアの方から譲り受けた９年前で、熱心な献身的活動を肌身で知りました。ちょうど、『盲導犬クイールの一生』の刊行日にいったん我が家にやってきた犬は、クイールの子供時代の姿にそっくりで、「クー」と名付けられました。今も元気で、大きくなった姿を見るたびに、ボランティアさんを思い出します。

それでもまだ問題意識が薄かった４年前、英文を絵本にするために構成と文を手がけたのが、ジム・ウィリス原作による『どうして？　〜犬を愛するすべての人へ』という本。それは、センターに送られた犬のストーリーなのですが、出版社からの依頼を受けるかどうかを数日間悩みました。僕にとってはつらい内容だったからです。事実、やってみて、悲しかった。しかし意義深い本を送り出せたこともあり、それに携わったことで、見て見ぬふりの後ろめたさを感じ始めてはいました。

そして２００９年７月。保護犬に関するトークイベントに呼ばれ、そこで司会をされていたのが渡辺さん。初対面でしたが、かなり以前から、殺処分、保護犬問題に関して精力的に執筆されていることは存じ上げていました。ここでの渡辺さんの話しぶりを見聞きして感じたのが〝シャープなあたたかみ〟。哀《かな》しい話を自然にたんたんと語る口調。揺るぎのないきりりとした視線。殺処分というテーマに立ち向かい、取材し、書き、話すことは、当然つらいに決まっている。でも、自分が伝えていくことで動物の命を救えるのならばとやっているわけです。そこに見えるのは、哀しみを何度となく乗り越え、何層にも重なってできた信念と本物のいたわり。生ぬるさを削《そ》ぎ落としたやさしい心は、ドライとさえ思えるほどになるのかと。

会場には、この本を作るもととなった写真展示もあり、そこで現状を突きつけられ、犬たちから「逃げないでね」と訴えられているような気がしました。さらに、保護犬の譲渡会も行われ、集まった多くのボランティアの方々が、しっかりと里親募集活動に取り組んでいる姿を目の当たりにし、最後に渡辺さんと話していて何かが吹っ切れたのです。

　思うに、女性は強い。命を生みだすことによる本能からなのか。生命に関《かか》わる場面、男は腰が引けてしまうところを、女性はひるまずに立ち向かう。帰りの電車で、そんなことにも考え及びながら、それまでの自分を省みる。命が絶たれることを正視する勇気がなかった。目を背けていた僕は、ただの弱虫だったと。いくら微力な一個人とはいえ、何もしなければただ1頭の命すら救うことはできない。

　ここは踏み出さねば。写真もあってリアルでつら過ぎるテーマとわかりつつも本をつくろう。そう、自分なりの覚悟を決めて数日後渡辺さんと会って、進めさせていただくことになりました。朝日新聞出版の島本さんには「ペットをお金で買うことがあまりに当たり前になりすぎているのはおかしいと思っていました」と内容に共感していただき、渡辺さん、山口さんをはじめとして、動物愛護に関わる多くの方々の地道な活動がこうして本の形につながりました。

　本づくり中、これほど仕事がつらいと思ったことは今までありませんでした。

　写真選び初日、弱い僕は仕事中に吐きました。山口さんから受け取った４０００枚の中にあった、たくさんの、二度と見たくはないシーン、他の人には見てもらいたくない写真。あれを見るのは僕だけでたくさん。それでも、どこまでを本に載せるべきか、何日も迷い続けました。実際に選んだ紙面上の写真を出すことも相当ためらったのですが、多くの人に意識を共感してもらうためにソフトに見せることと、知ってもらうべきハードな実態とのボーダーラインを慎重に考えて、掲載写真を決めていきました。

しかし、何を甘いこと言ってるのかと自分を叱《しか》りたくもなります。こんな現場を撮影している山口さん、立ち会っている渡辺さん。また、ボランティアの方々もセンターに行く。そして……職員の方たちはこれが日常、目の前に現れる光景なのですから。

どんよりとした暗い気持ちで作業を進めた2カ月間でした。写真を絞り込んでいくたび、原稿やゲラを読むたび、泣きました。情景が四六時中ずっと追いかけてくるのです。

渡辺さんから最初に原稿をいただいた日。夕方から読み始めて夜遅くに帰宅すると、うちの犬・センパイが、ふるえ始めたのです。膝《ひざ》の上に載せても、その小刻みなふるえは30分以上続きました。夫婦げんかの時以外にふるえたことなどなかったのに。犬は、人の考えていることが画像で見えるといいます。たぶん、原稿に注入された渡辺さんの強い「気」のようなものが、僕の脳に入り込んでいたのでしょう。驚きました。

僕と同じように、この本を読んだ方が、心を強く突き刺されてつらい気持ちになることは間違いないと思います。しかし、そんな感情を持っている人ならばこそ、きっと読後には、湧《わ》き上がる慈《いつく》しみが今まで以上に深くなると確信しています。また、何かできることはないかと考えるのではないでしょうか。本書が、「かわいそう」な本ではなく、「人間らしいあたたかな気持ち」になれる本として末長く伝わっていくことを、作り手として、また、犬を、動物を、愛する者として願っています。

そして、この本を読んでいただいたみなさんにお願いがあります。1頭でも多くの命を救うために、どうか、ほんの少しのことでもいいので、あなたの力をください。お願いします。自分自身が家族として迎え入れられなかったり、ボランティア活動をできなくても、それは負い目に感じることではありません。もっと、すぐにできることで構わないのです。

手始めに、人の都合で、人の手によって絶命してしまう犬がいることを、やわらかな口調で誰かに伝えるだけでもいいんです。認知が広がっていくことは必ず改善への底辺として機能してくるはず。次に、インターネットで動物たちの譲渡状況などを検索してみましょう。また、誰かが犬を飼いたがっていないか思い出してください。いたら、その情報を伝える。そしてもちろん、できることなら飼ってください。

犬が生かされている。自分も生かされている。自分も犬もそれだけで最高の幸せと感謝したい。今、世界中で起こっている、人が人の命を奪う惨劇。人でも動物でも、その存在に対して、ごく普通のいたわる気持ちが満ちていけば、戦争や殺人事件は減っていくことでしょう。そう意識してもらえるきっかけにも、処分された犬たちの存在が役立ってほしい。

最近、仕事を終え家に帰ると、センパイをぎゅっと抱きしめて夜空に向かって願います。たった今ここに、じゅうぶん人に愛されている犬がいる。しかし、世界には、今日も明日も、この本のような境遇の犬たちが檻《おり》の中でじっと運命に身を委《ゆだ》ねている。どうか、人を無償で愛してくれる世界中の犬たちが、あのような目にあわない日が訪れますように。今抱きしめているこの犬と同じように、すべての犬が、人に抱きしめられ、愛されて生きていけますように。そして、すべての人々が僕と同じ気持ちになってくれますように、と。

その瞬間にはそうすることしかできない自分の無力さを感じながら、だからこそ、目をつぶって心の底から神様に願うのです。体毛から伝わるぬくもりを掌《てのひら》に確かめつつ「人は君を愛してるんだよ」と送る強い念。この犬を通じて、その念が世界中のさびしい犬たちに届くような気がして。そしてその場所に、人のぬくもりとやさしさが本当に現れることを信じて。

渡辺眞子（わたなべ・まこ）

作家。人と動物の福祉や共生を主なテーマに執筆、講演等を行う。『捨て犬を救う街』（角川文庫）、『幸福な犬』（角川書店）、『そこに愛がありますように』（WAVE出版）、『一緒に歩こう』（ジュリアン出版）など著書多数。

山口美智子（やまぐち・みちこ）

ボランティアとして精力的に動物保護の活動をしながら、犬や猫たちと施設の写真を撮り続けている。活動を、写真で綴ったブログは「里親探し日記」http://tunakojihana.a-thera.jp/

プロデュース・構成・編集　石黒謙吾
デザイン　川名潤（Pri Graphics inc.）
制作　ブルー・オレンジ・スタジアム

犬《いぬ》と、いのち

2010年2月28日　第1刷発行

著　者　渡辺眞子（文）　山口美智子（写真）
発行者　矢部万紀子
発行所　朝日新聞出版
〒104-8011　東京都中央区築地5-3-2
電話　03-5541-8832（編集）
03-5540-7793（販売）
印刷製本　中央精版印刷株式会社

ISBN978-4-02-250703-7